Manuale Tecnico di base per Saldatura su Linee a Pressione ed Apparecchiature a Pressione

I0454540

Introduzione

In un mondo industriale in continuo avanzamento, dove la precisione e l'affidabilità delle strutture hanno un impatto diretto sull'efficienza, la sicurezza e la sostenibilità, la saldatura emerge come una colonna portante nella costruzione e manutenzione delle infrastrutture petrolifere. La padronanza di questo processo richiede non solo abilità tecniche raffinate, ma anche un'approfondita comprensione delle procedure e dei materiali impiegati. È in questo contesto che Luca Cimino offre la sua expertise, distillata in anni di esperienza e riflessione nel campo delle costruzioni industriali, per guidare i professionisti attraverso la complessità dell'arte e scienza della saldatura.

Questo testo, arricchito dalle sue vaste conoscenze e dalla sua dedizione all'ingegneria e all'innovazione, mira a essere una risorsa indispensabile per chi opera nel settore. Il lettore troverà non solo dettagli tecnici su materiali d'apporto e processi di saldatura, ma anche considerazioni sulla loro conservazione e gestione, nonché sulla cruciale adesione alle Welding Procedure Specifications (WPS). L'intento è quello di fornire un manuale che sia al tempo stesso teorico e pratico, fornendo gli strumenti per affrontare le sfide quotidiane e contribuendo alla crescita professionale di chi è attivo nel settore.

In un'epoca in cui l'ingegneria si intreccia inestricabilmente con il rispetto per l'ambiente e la responsabilità sociale, Luca Cimino enfatizza l'importanza dell'aggiornamento costante e dell'applicazione rigorosa delle normative, ponendo l'accento sull'efficienza e sull'impatto ambientale delle pratiche di saldatura. Questa introduzione è un invito a immergersi in un testo che serve come ponte tra la teoria fondamentale e l'applicazione pratica, e come tale, si propone di essere un compagno fidato nella biblioteca di ogni saldatore, ingegnere e professionista del settore petrolifero.

Con l'obiettivo di lasciare un segno tangibile nel campo delle costruzioni industriali, Luca Cimino presenta questo lavoro, un tributo alla sua passione per la fisica, l'arte, lo sport, e soprattutto, l'ingegneria. Sia che siate novizi o esperti nel mondo della saldatura, queste pagine vi guideranno alla scoperta di come i materiali d'apporto, se ben compresi e applicati, siano il fulcro di ogni giunzione di successo, sostentamento di ogni struttura imponente, e testimoni dell'innegabile maestria che l'industria petrolifera richiede e merita.

La saldatura su linee a pressione e apparecchiature a pressione rappresenta un'operazione critica in molte industrie. La corretta esecuzione della saldatura è essenziale per garantire la sicurezza dell'operatore e l'integrità strutturale dell'attrezzatura.

1. Normative e certificazioni

Familiarizzare con le normative locali/nazionali pertinenti (es. ASME, EN, ecc.)

Assicurarsi che i saldatori abbiano le certificazioni necessarie.

2. Selezione dei materiali

Utilizzare materiali compatibili con la linea o l'apparecchiatura a pressione.

Verificare che i materiali siano puliti e privi di contaminanti.

3. Preparazione della superficie

Pulire accuratamente le superfici da saldare per rimuovere oli, grassi e contaminanti.

Assicurarsi che le superfici siano

lisce e prive di fessure o

imperfezioni. 4. Selezione del

processo di saldatura

Processi comuni includono GTAW (TIG), SMAW (elettrodo rivestito) e GMAW (MIG).

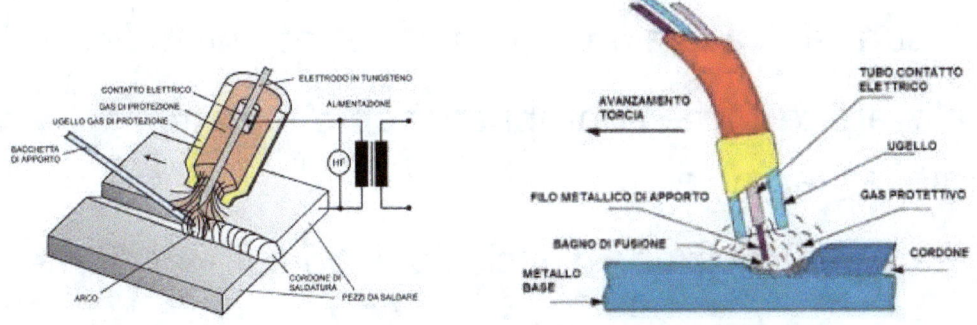

La selezione dipende dal materiale, dallo

spessore e dalle specifiche del progetto.

5. Parametri di saldatura

Regolare corrente, tensione, velocità di avanzamento e gas di protezione secondo le specifiche del materiale e del processo scelto.

6. Protezione del saldatore

Utilizzare maschere con lenti adatte, guanti, grembiuli e altre protezioni personali necessarie.

Lavorare in aree ben ventilate o utilizzare estrattori di fumi.

7. Procedura di saldatura

Assicurarsi di avere un'ottima penetrazione radice.

Utilizzare tecniche appropriate come saldatura a strati, a gradini, ecc.

Evitare la formazione di inclusioni, porosità e cricche.

8. Ispezione post-saldatura

Ispezionare visivamente la saldatura.

Utilizzare metodi di ispezione non distruttivi (NDT) come radiografia, ultrasuoni, ecc., se necessario.

Assicurarsi che non vi siano difetti che comprommettano l'integrità strutturale.

9. Trattamenti termici post-saldatura (TTPS)

A seconda del materiale e delle specifiche, potrebbe essere necessario un trattamento termico per ridurre le tensioni residue e migliorare le proprietà meccaniche.

10. Manutenzione e riparazione

Ispezionare regolarmente le linee e le apparecchiature a pressione.

In caso di difetti o danni, procedere con le riparazioni seguendo le linee guida specifiche.

11. Documentazione

Mantenere un registro di tutte le attività di saldatura, inclusi i parametri utilizzati, gli operatori coinvolti e i risultati delle ispezioni.

Conservare le certificazioni e le qualifiche dei saldatori.

Conclusione

La saldatura su linee a pressione e apparecchiature a pressione è un'operazione critica che richiede attenzione, competenza e rispetto delle normative. Seguendo le linee guida e le migliori pratiche presentate in questo manuale, è possibile garantire la sicurezza e l'integrità delle operazioni.

1. Normative e certificazioni per la saldatura su linee a pressione ed apparecchiature a pressione

1.1 Panoramica

Prima di iniziare qualsiasi operazione di saldatura su linee a pressione o apparecchiature a pressione, è essenziale avere una conoscenza approfondita delle normative e delle certificazioni in vigore nel proprio paese o regione. Queste normative sono stabilite per garantire la sicurezza delle operazioni e l'integrità strutturale delle attrezzature.

1.2 Normative principali

ASME (American Society of Mechanical Engineers): Fornisce norme e codici specifici come l'ASME BPVC (Boiler and Pressure Vessel Code), che definisce i requisiti per la progettazione, la fabbricazione, l'ispezione e la manutenzione di caldaie e apparecchiature a pressione.

EN (Norme Europee): All'interno dell'Unione Europea, ci sono specifiche norme EN che riguardano apparecchiature a pressione, come l'EN 13445 per i contenitori a pressione non soggetti a fiamma.

1.3 Certificazioni dei saldatori

Le certificazioni per i saldatori sono prove documentate della loro competenza in specifici processi e tecniche di saldatura:

Procedure di qualifica: Prima che un saldatore possa essere certificato, la procedura di saldatura stessa deve essere qualificata. Ciò garantisce che il metodo di saldatura sia appropriato e sicuro per l'applicazione specifica.

Test di certificazione: I saldatori sono generalmente tenuti a sostenere un esame pratico, durante il quale devono dimostrare le loro capacità in un ambiente controllato. Questo test può includere saldature su lastre o tubi, a seconda dell'applicazione.

Rinnovo e validità: La certificazione dei saldatori ha una durata limitata e deve essere rinnovata periodicamente. La durata e i requisiti per il rinnovo possono variare in base alla normativa o all'organismo di certificazione.

1.4 Responsabilità delle aziende

Le aziende che si occupano di saldatura su linee a pressione e apparecchiature a pressione hanno la responsabilità di:

Assicurarsi che tutti i saldatori siano adeguatamente formati e certificati.

Mantenere e aggiornare regolarmente un registro delle certificazioni dei saldatori.

Assicurarsi di seguire e rispettare tutte le normative in vigore relative alla saldatura su apparecchiature a pressione.

Conclusione

La comprensione e l'adesione alle normative e alle certificazioni sono fondamentali per garantire la sicurezza e l'integrità delle operazioni di saldatura su linee a pressione e apparecchiature a pressione. Aziende e saldatori devono essere diligentemente informati e aggiornati su questi standard per garantire la massima qualità e sicurezza del lavoro.

Appendice WPS

La creazione di un'apposita appendice dedicata alle procedure di saldatura (Welding Procedure Specifications, WPS) per uso industriale nel settore petrolifero è fondamentale per una serie di ragioni tecniche, operative e ambientali. La saldatura è un processo critico nell'assemblaggio e nella manutenzione delle infrastrutture petrolifere, che richiede un approccio rigoroso e standardizzato per garantire la sicurezza e l'efficienza operativa. Qui di seguito, elaborerò una struttura di appendice che può essere adottata per il libro.

Appendice: Procedure di Saldatura per Uso Industriale nel Settore Petrolifero

1. Introduzione alle WPS nel Settore Petrolifero

Panoramica dell'importanza delle WPS nel mantenere l'integrità strutturale delle installazioni petrolifere.

Discussione su come le WPS contribuiscano alla sicurezza operativa e alla prevenzione delle perdite.

2. Fondamenti delle WPS

Definizione di una WPS e i suoi componenti chiave.

L'importanza di conformarsi agli standard internazionali come l'American Petroleum Institute (API) e l'American Welding Society (AWS).

3. Sviluppo di una WPS per l'Industria Petrolifera

Passaggi per lo sviluppo di una WPS, inclusa l'analisi dei materiali e le condizioni operative.

La scelta dei processi di saldatura appropriati (es. TIG, MIG, saldatura ad arco sommerso) in base alle applicazioni specifiche nel settore petrolifero.

Criteri per la selezione di consumabili di saldatura e parametri di processo.

4. Qualificazione delle Procedure di Saldatura

Prove di qualificazione richieste per una WPS secondo le norme API e AWS.

Ruolo del Welding Procedure Qualification Record (WPQR) nel verificare la WPS.

5. Controlli e Verifiche

Controllo di qualità durante la saldatura e metodi di ispezione post-saldatura.

Tecnologie avanzate di ispezione, come l'ultrasuono e la radiografia, per la rilevazione di difetti.

6. Aspetti Ambientali e di Sostenibilità

Impatto ambientale dei vari processi di saldatura e come le WPS possono ridurre questo impatto.

Considerazioni sull'efficienza energetica e sulla riduzione degli sprechi di materiale.

7. Formazione e Certificazione degli Operatori

L'importanza della formazione specializzata per gli operatori di saldatura nel settore petrolifero.

Requisiti per la certificazione e l'aggiornamento continuo delle competenze tecniche.

8. Case Studies

Analisi di casi reali dove la mancata aderenza alle WPS ha portato a fallimenti strutturali.

Esempi di best practice e lezioni apprese nel settore.

9. Conclusioni e Raccomandazioni

Sintesi dell'importanza critica delle WPS nel settore petrolifero.

Raccomandazioni per l'implementazione e il mantenimento di procedure di saldatura robuste e conformi.

10. Appendici Supplementari

Glossario dei termini tecnici.

Esempi di moduli WPS standard e documentazione di supporto.

L'adesione alle WPS è essenziale per assicurare che ogni giunzione saldata mantenga la resistenza, la tenuta e la durabilità richieste per l'ambiente operativo impegnativo del settore petrolifero. Questo non solo previene potenziali disastri ambientali e rischi per la sicurezza, ma assicura anche l'efficienza operativa e la longevità delle infrastrutture, con un diretto impatto sul successo economico delle operazioni petrolifere. Le WPS rappresentano quindi un ponte vitale tra la teoria dell'ingegneria di saldatura e la pratica operativa sul campo.

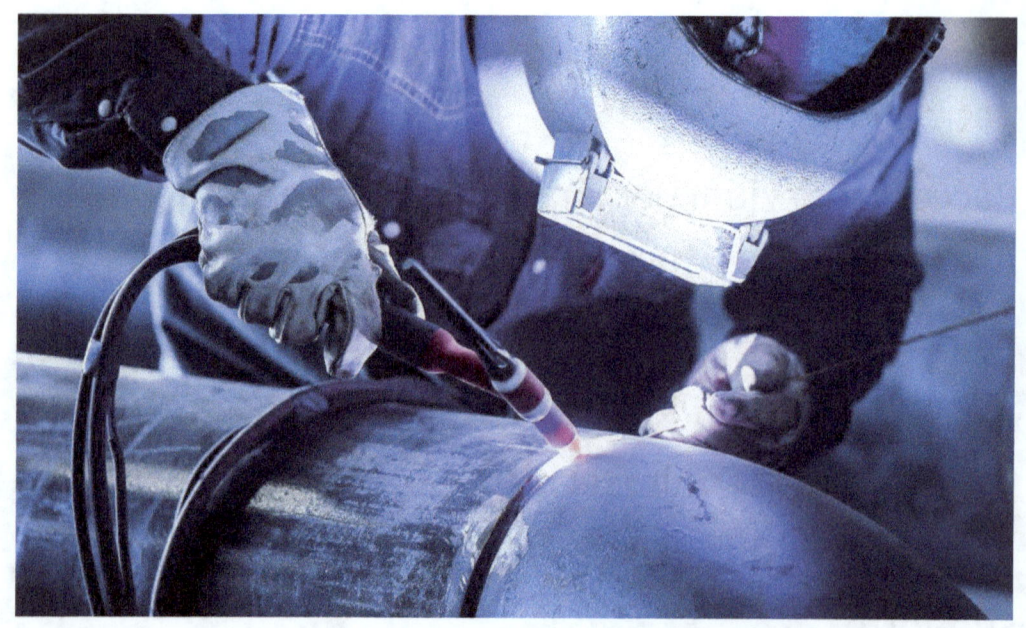

2. Selezione dei materiali per la saldatura su linee a pressione ed apparecchiature a pressione

2.1 Panoramica

La selezione accurata dei materiali di base e dei consumabili di saldatura è cruciale per garantire la sicurezza e l'integrità delle linee a pressione e delle apparecchiature a pressione. Ogni materiale presenta proprietà uniche che influenzano la sua resistenza alla corrosione, le sue caratteristiche termiche e la sua lavorabilità.

2.2 Materiali di base

Acciai al carbonio: Spesso utilizzati per la loro resistenza e malleabilità. Tendono ad avere una buona resistenza termica, ma possono essere sensibili alla corrosione se non protetti.

Esempi: ASTM A106, A516.

Processi di saldatura suggeriti: SMAW, GMAW.

Acciai inossidabili: Noti per la loro resistenza alla corrosione. Hanno una buona resistenza termica e sono ideali per ambienti corrosivi.

Esempi: AISI 304, 316.

Processi di saldatura suggeriti: GTAW, SMAW.

Acciaio al Cromo: Utilizzato nelle industrie energetiche e petrolchimiche per la sua alta resistenza a temperature elevate e resistenza alla corrosione.

Esempi: P11, P22.

Processi di saldatura suggeriti: SMAW, GTAW.

Leghe ad alta temperatura: Estremamente resistenti in ambienti ad alta temperatura e corrosivi.

Esempi: Inconel (leghe a base di nichel-cromo), Hastelloy (leghe a base di nichel-molibdeno-cromo).

Processi di saldatura suggeriti: GTAW.

2.3 Consumabili di saldatura

Elettrodi: La loro selezione dovrebbe essere compatibile con il materiale di base. Per esempio, un acciaio al carbonio potrebbe richiedere un elettrodo come l'E7018, mentre l'Inconel potrebbe necessitare di un elettrodo specifico a base di nichel.

Filtri e gas di protezione: Il gas di protezione varia in base al materiale e al processo di saldatura. Ad esempio, l'argon è spesso usato con acciai inossidabili e leghe ad alta temperatura, mentre le miscele di argon e CO_2 possono essere usate con acciai al carbonio.

2.4 Fattori da considerare nella selezione dei materiali

Compatibilità metallurgica: I materiali e i consumabili dovrebbero avere una compatibilità metallurgica per prevenire cricche, porosità e altri difetti.

Proprietà termiche: La resistenza alla deformazione e alle tensioni indotte dal calore è essenziale, soprattutto quando si lavora con materiali ad alta resistenza termica come Inconel o Hastelloy.

Ambiente operativo: La resistenza alla corrosione, la reattività chimica e la resistenza termica sono tutte considerazioni cruciali, in base alle condizioni operative.

2.5 Verifica dei materiali

Certificati di collaudo: Sempre essenziali per verificare le specifiche dei materiali.

Ispezione all'arrivo: Oltre alla documentazione, un'ispezione visiva può aiutare a identificare eventuali difetti o danni al materiale.

Conclusione

La scelta dei materiali giusti è fondamentale per garantire la durata, la sicurezza e l'efficienza delle linee a pressione e delle apparecchiature a pressione. Ogni materiale e consumabile ha peculiarità che necessitano di considerazione e conoscenza approfondita per un'applicazione ottimale.

3. Preparazione e pianificazione delle attività di saldatura

3.1 Panoramica

La preparazione e la pianificazione sono essenziali per garantire che le operazioni di saldatura siano eseguite in modo sicuro, efficiente e in conformità con le specifiche tecniche. Questo processo implica una serie di passaggi preliminari prima dell'effettiva saldatura.

3.2 Analisi e studio del disegno tecnico

Interpretazione dei disegni: Prima di iniziare qualsiasi operazione di saldatura, è fondamentale comprendere i disegni tecnici, le specifiche delle saldature e i dettagli costruttivi.

Identificazione delle posizioni di saldatura: Non tutte le posizioni di saldatura sono ugualmente accessibili. Identificare le posizioni (come pianale, verticale, orizzontale, sovra-testa) aiuta nella selezione del processo di saldatura e nella pianificazione dell'accesso.

3.3 Preparazione del materiale

Pulizia: La rimozione di sporco, olio, ruggine o qualsiasi contaminante dalla superficie del materiale è essenziale per garantire una buona adesione e prevenire difetti nella saldatura.

Taglio e smussatura: Preparare i bordi del materiale in conformità con i disegni. Gli smussi consentono una penetrazione ottimale e una saldatura di qualità.

Pre-riscaldamento: Alcuni materiali, in particolare quelli ad alta resistenza o spessore, possono richiedere un pre-riscaldamento per minimizzare le tensioni e prevenire la formazione di cricche.

3.4 Selezione del processo di saldatura e configurazione dell'attrezzatura

Selezione del processo: Scegliere il processo di saldatura più appropriato in base al materiale, alla posizione e alle specifiche del progetto. Ad esempio, SMAW potrebbe essere preferito per la sua versatilità, mentre GTAW potrebbe essere scelto per la sua precisione.

Configurazione dell'attrezzatura: Impostare la macchina di saldatura in base al materiale e alle specifiche. Ciò include la selezione di tensione, corrente e, se applicabile, il flusso di gas protettivo.

3.5 Sicurezza sul posto di lavoro

Valutazione dei rischi: Prima di iniziare qualsiasi operazione, valutare i rischi associati alla zona di lavoro, come la presenza di gas infiammabili, spazi ristretti o altre attività circostanti.

EPI (Equipaggiamento di Protezione Individuale): Assicurarsi che tutti i saldatori siano dotati di caschi di saldatura adeguati, guanti, abbigliamento resistente al fuoco e altri dispositivi di sicurezza rilevanti.

Ventilazione: Garantire una ventilazione adeguata, in particolare quando si salda in spazi chiusi o con materiali che possono produrre fumi tossici.

Conclusione

Una pianificazione e preparazione accurate sono fondamentali per garantire la sicurezza e la qualità delle operazioni di saldatura. Ogni dettaglio, dalla comprensione dei disegni alla configurazione dell'attrezzatura, gioca un ruolo cruciale nel determinare il successo del progetto di saldatura.

Appendice: Materiali d'Apporto per la Saldatura nel Settore Petrolifero

1. Introduzione ai Materiali d'Apporto

Descrizione della funzione dei materiali d'apporto nel processo di saldatura.

Panoramica delle loro applicazioni specifiche nel settore petrolifero.

2. Tipologie di Materiali d'Apporto

Classificazione dei materiali d'apporto in base alla loro composizione e al processo di saldatura (es. elettrodi, fili, bacchette, flux).

Discussione su materiali specifici per ambienti ad alto rischio, come quelli resistenti alla corrosione e ad alta pressione/temperatura.

3. Selezione dei Materiali d'Apporto

Criteri per la selezione dei materiali d'apporto in base al tipo di metallo base, alle condizioni operative e agli standard di qualità.

La relazione tra le proprietà dei materiali d'apporto e le caratteristiche delle saldature desiderate.

4. Conservazione dei Materiali d'Apporto

Importanza della corretta conservazione per mantenere l'integrità dei materiali d'apporto.

Linee guida per la conservazione, inclusi controllo della temperatura, dell'umidità e prevenzione della contaminazione.

5. Normative e Standard sui Materiali d'Apporto

Descrizione degli standard internazionali pertinenti, come quelli emessi dall'AWS e ISO.

Regolamenti specifici per l'industria petrolifera riguardanti i materiali d'apporto.

6. Gestione dell'Inventario dei Materiali d'Apporto

Sistemi per la gestione efficace dell'inventario e per assicurare la disponibilità e la rotazione dei materiali.

Tecniche per tracciare l'utilizzo dei materiali d'apporto e ridurre gli sprechi.

7. Impatto Ambientale dei Materiali d'Apporto

Considerazioni sull'impatto ambientale nella produzione e nell'uso dei materiali d'apporto.

Pratiche sostenibili per minimizzare l'impronta ecologica nel processo di saldatura.

8. Salute e Sicurezza

Protocolli per la manipolazione sicura dei materiali d'apporto, comprese le precauzioni contro l'esposizione a fumi e sostanze chimiche.

Attrezzature di protezione individuale e formazione per i saldatori.

9. Integrazione delle WPS

Il ruolo delle WPS nel definire la scelta e l'applicazione dei materiali d'apporto.

L'inclusione di specifiche dei materiali d'apporto nelle WPS per garantire saldature consistenti e di alta qualità.

Procedura per la modifica delle WPS in caso di cambiamenti nei materiali d'apporto.

10. Conclusioni

Riepilogo dell'importanza dei materiali d'apporto adeguatamente selezionati e gestiti per la qualità e l'affidabilità delle saldature nel settore petrolifero.

Incoraggiamento verso un'adozione consapevole dei materiali d'apporto che soddisfino i criteri tecnici, ambientali e di sicurezza.

Appendici Supplementari

Tabelle di riferimento per la selezione dei materiali d'apporto.

Liste di controllo per la conservazione e la gestione dei materiali d'apporto.

Modelli di WPS che includono specifiche sui materiali d'apporto.

Questa appendice deve fungere da guida dettagliata per i professionisti del settore petrolifero per garantire l'uso ottimale dei materiali d'apporto, sostenendo l'importanza di seguire le Welding Procedure Specifications (WPS) per mantenere l'alta qualità e l'affidabilità delle costruzioni saldate.

4. Procedimenti e tecniche di saldatura

4.1 Panoramica

La tecnica e il procedimento adottato durante la saldatura influenzano direttamente la qualità della giunzione e la durata dell'equipaggiamento a pressione. Questo paragrafo si concentra sulle varie tecniche e sugli step procedurali per ottenere saldature ottimali.

4.2 Tecniche fondamentali di saldatura

Saldatura a TIG (GTAW): È un processo in cui l'arco è formato tra un elettrodo di tungsteno (non consumabile) e il pezzo di lavoro. L'area viene protetta da un gas inerte, solitamente argon.

Saldatura a elettrodo (SMAW): Usa un elettrodo rivestito che funge da materiale d'apporto e fornisce anche protezione attraverso i gas prodotti dal rivestimento durante la saldatura.

Saldatura MIG/MAG (GMAW): Un processo in cui la saldatura viene effettuata usando un filo continuo come elettrodo e un gas per proteggere l'area della saldatura.

Saldatura a arco sommerso (SAW): Usa un arco che si forma sotto una copertura di flusso fusibile. Fornisce una saldatura di alta qualità ed è tipicamente utilizzato per saldature spesse.

4.3 Step procedurali

Identificazione del materiale: Verificare il tipo di materiale da saldare per selezionare il metodo e i consumabili appropriati.

Posizionamento del pezzo: Assicurarsi che i pezzi siano posizionati in modo corretto e stabile. Usare dispositivi di bloccaggio o supporti se necessario.

Preparazione della giuntura: Questo potrebbe includere il taglio, la pulizia e lo smussamento dei bordi.

Selezionare e impostare l'equipaggiamento: Basato sulla tecnica di saldatura scelta e sulle specifiche del materiale.

Esecuzione della saldatura: Seguire i parametri raccomandati per la corrente, la tensione, la velocità di alimentazione del materiale d'apporto e altri dettagli pertinenti.

Ispezione visiva: Dopo aver completato la saldatura, effettuare un controllo visivo per rilevare eventuali difetti superficiali.

Trattamenti post-saldatura: Questo può includere trattamenti termici, pulizia e eventuali ulteriori ispezioni come radiografie o test ultrasonici.

4.4 Considerazioni sulla deformazione

Prevenzione: Utilizzare dispositivi di bloccaggio e tack welds per prevenire la deformazione eccessiva durante la saldatura.

Tecniche di saldatura sequenziale: La saldatura sequenziale o la saldatura dall'esterno verso l'interno può aiutare a distribuire in modo uniforme il calore e ridurre la deformazione.

Conclusione

La selezione della tecnica di saldatura appropriata e l'adeguamento ai passaggi procedurali corretti sono essenziali per ottenere giunzioni saldate di alta qualità. La conoscenza e la comprensione di queste tecniche e procedure aiutano a garantire la sicurezza e l'efficacia della saldatura in contesti ad alta pressione.

5. Ispezione, Valutazione e Garanzia della Qualità

5.1 Panoramica

Una volta completate le operazioni di saldatura, è essenziale eseguire ispezioni e valutazioni approfondite per assicurarsi che la saldatura soddisfi gli standard richiesti. La garanzia della qualità non solo protegge contro potenziali guasti o perdite, ma assicura anche una durata ottimale e una sicurezza delle apparecchiature a pressione.

5.2 Tipologie di ispezione

Ispezione visiva: Si tratta del metodo di ispezione più basilare, dove la saldatura viene esaminata visivamente per rilevare difetti superficiali come cricche, porosità o mancanza di fusione.

Test radiografico (RT): Utilizza raggi X o gamma per rilevare difetti interni. Questo metodo fornisce un'immagine dettagliata delle saldature, mettendo in evidenza eventuali difetti sub-superficiali.

Test ultrasonico (UT): Sfrutta onde sonore ad alta frequenza per rilevare difetti interni nella saldatura. È particolarmente efficace per rilevare cricche o zone di mancanza di fusione.

Test di penetrazione (PT): Impiega liquidi penetranti per rivelare difetti superficiali. Qualsiasi cricca o apertura sulla superficie assorbirà il liquido, rendendolo visibile sotto luce UV o dopo l'applicazione di un rivelatore.

Test magnetico (MT): Adatto per materiali ferromagnetici, utilizza un campo magnetico per rivelare cricche o difetti superficiali.

5.3 Garanzia della qualità e documentazione

Certificati di collaudo: Sono fondamentali per verificare la conformità dei materiali utilizzati e delle saldature eseguite.

Registrazione delle procedure: Ogni fase della saldatura, compresi i parametri utilizzati e gli operatori coinvolti, dovrebbe essere documentata per riferimento futuro e per la tracciabilità.

Qualifiche dei saldatori: Assicurarsi che tutti i saldatori siano qualificati per il lavoro che stanno eseguendo. Questo garantisce che abbiano ricevuto la formazione adeguata e abbiano dimostrato la competenza necessaria.

5.4 Manutenzione e monitoraggio continuo

Programmi di manutenzione: Sviluppare e seguire programmi regolari di manutenzione per monitorare le condizioni delle saldature e garantire la loro integrità nel tempo.

Sistemi di monitoraggio: L'uso di sensori e sistemi di monitoraggio può aiutare a rilevare precocemente segni di usura o difetti, permettendo interventi tempestivi.

Conclusione

L'ispezione e la garanzia della qualità sono fondamentali per garantire l'affidabilità e la sicurezza delle apparecchiature a pressione. Una corretta documentazione, una manutenzione regolare e l'utilizzo di metodi di ispezione avanzati sono tutti elementi essenziali per garantire che le saldature siano realizzate e mantenute secondo gli standard più elevati.

6. Normative e Regolamentazioni

6.1 Panoramica

Le normative e le regolamentazioni stabiliscono gli standard minimi di sicurezza e qualità che devono essere rispettati durante la saldatura di linee a pressione e apparecchiature a pressione. Queste direttive sono essenziali per garantire che le operazioni di saldatura siano eseguite in modo sicuro e siano di alta qualità.

6.2 Normative Internazionali

ASME (American Society of Mechanical Engineers): Gli standard ASME, in particolare la sezione IX e il codice BPVC (Boiler and Pressure Vessel Code), forniscono linee guida per la saldatura di apparecchiature a pressione e per la qualifica dei saldatori.

ISO (International Organization for Standardization): L'ISO ha diverse normative in materia di saldatura, tra cui l'ISO 9606 (qualifica dei saldatori) e l'ISO 3834 (requisiti di qualità per la saldatura a fusione).

AWS (American Welding Society): Fornisce standard e certificazioni per saldatori, ispettori e altri professionisti nel campo della saldatura.

6.3 Normative Locali

A seconda della regione o del paese, potrebbero esistere specifiche normative nazionali o locali che regolamentano la saldatura su apparecchiature a pressione. È essenziale conoscere e rispettare queste regolamentazioni, oltre a quelle internazionali.

6.4 Adesione alle Normative

Formazione e certificazione: I saldatori dovrebbero ricevere formazione adeguata e essere certificati secondo le normative pertinenti per garantire la conformità e la competenza.

Documentazione e tracciabilità: Mantenere registrazioni dettagliate di tutte le operazioni di saldatura, compresi i certificati dei materiali, le qualifiche dei saldatori e i dettagli delle procedure di saldatura.

Auditing e ispezioni: Le operazioni di saldatura dovrebbero essere regolarmente soggette a audit da parte di terze parti o organismi di certificazione per garantire la conformità continua alle normative.

6.5 Aggiornamenti e Revisioni

Le normative e le regolamentazioni sono soggette a revisioni e aggiornamenti. È fondamentale rimanere informati sugli ultimi cambiamenti e assicurarsi che le pratiche e le procedure siano sempre aggiornate.

Conclusione

L'aderenza alle normative e alle regolamentazioni è fondamentale per garantire che le operazioni di saldatura siano sicure, affidabili e di alta qualità. La comprensione e l'implementazione di queste direttive sono essenziali per qualsiasi organizzazione o individuo che lavora con linee e apparecchiature a pressione.

7. Precauzioni di Sicurezza e Prassi Migliori

7.1 Panoramica

La saldatura di linee a pressione e apparecchiature a pressione presenta potenziali rischi sia per i saldatori che per l'ambiente circostante. Adottare precauzioni di sicurezza e seguire le prassi migliori è fondamentale per prevenire infortuni e garantire un ambiente di lavoro sicuro.

7.2 Protezione Personale

Maschere e visiere: Utilizzare maschere di saldatura adatte con lenti protettive per proteggere gli occhi dall'abbagliamento dell'arco e dalle scintille.

Abbigliamento protettivo: Indossare giacche e guanti di saldatura, cappellini, scarpette di sicurezza e grembiuli per proteggere la pelle dal calore e dalle scintille.

Protezione uditiva: Utilizzare protezioni auricolari o cuffie in ambienti rumorosi.

Ventilazione: Assicurarsi che l'area di saldatura sia ben ventilata per evitare l'inalazione di fumi tossici.

7.3 Sicurezza nell'Area di Lavoro

Zona ben illuminata: Garantire un'illuminazione adeguata per una chiara visibilità durante la saldatura.

Rimuovere materiali infiammabili: Assicurarsi che l'area circostante sia libera da materiali facilmente infiammabili o esplosivi.

Schermi protettivi: Usare schermi o barriere per proteggere gli altri lavoratori dalle radiazioni dell'arco e dalle scintille.

Estintori a portata di mano: Avere estintori adeguati nelle vicinanze e assicurarsi che tutti siano formati su come usarli.

7.4 Precauzioni Procedurali

Verifica delle apparecchiature: Ispezionare tutte le apparecchiature di saldatura prima dell'uso per garantire che siano in buone condizioni.

Taglio dell'energia: Quando non in uso, assicurarsi che tutte le apparecchiature siano scollegate e che l'energia sia tagliata.

Pratiche di grounding: Assicurarsi che le apparecchiature siano correttamente collegate a terra per evitare shock elettrici.

Uso di dispositivi di sicurezza: Utilizzare dispositivi di sicurezza come valvole anti-ritorno per prevenire flashback nelle torce di saldatura.

7.5 Formazione Continua

Aggiornamenti periodici: I saldatori dovrebbero partecipare a sessioni di formazione regolari per rimanere aggiornati sulle ultime prassi di sicurezza.

Simulazioni di emergenza: Organizzare esercitazioni periodiche per preparare il team a situazioni di emergenza.

Conclusione

La sicurezza dovrebbe essere la priorità principale in qualsiasi operazione di saldatura. Rispettando le precauzioni e le prassi migliorate, i rischi associati alla saldatura possono essere notevolmente ridotti, garantendo un ambiente di lavoro sicuro e proteggendo l'integrità delle apparecchiature a pressione.

8. Conservazione, Manutenzione e Cura delle Apparecchiature di Saldatura

8.1 Panoramica

Per garantire un funzionamento ottimale e una lunga durata delle apparecchiature di saldatura, è essenziale adottare procedure adeguate di conservazione, manutenzione e cura. Questo non solo assicura prestazioni consistenti ma riduce anche il rischio di guasti e incidenti.

8.2 Conservazione delle Apparecchiature

Ambiente asciutto: Conservare le apparecchiature in un luogo asciutto per prevenire la corrosione e i danni causati dall'umidità.

Copertura: Coprire le apparecchiature con teloni o coperture protettive per proteggerle da polvere, sporco e agenti atmosferici.

Stoccaggio ordinato: Mantenere un'area di stoccaggio organizzata per facilitare l'accesso e prevenire danni accidentali.

8.3 Manutenzione Preventiva

Pulizia regolare: Pulire regolarmente le apparecchiature per rimuovere la polvere, lo sporco e i residui di saldatura.

Lubrificazione: Lubrificare le parti mobili secondo le specifiche del produttore per garantire un funzionamento fluido.

Verifica delle connessioni: Controllare regolarmente tutte le connessioni e le guarnizioni per assicurarsi che siano ben strette e in buone condizioni.

Sostituzione delle parti: Sostituire tempestivamente le parti usurate o danneggiate per mantenere le apparecchiature in perfette condizioni operative.

8.4 Procedure di Avvio e Spegnimento

Seguire le istruzioni del produttore: Riferirsi sempre al manuale dell'utente o alle istruzioni del produttore quando si avvia o si spegne l'apparecchiatura.

Raffreddamento adeguato: Lasciare che le apparecchiature si raffreddino adeguatamente dopo l'uso prima di spegnerle o riporle.

Isolamento dell'energia: Assicurarsi che tutte le apparecchiature siano completamente scollegate e isolate dalla fonte di alimentazione quando non sono in uso.

8.5 Calibrazione e Verifica

Calibrazioni periodiche: Eseguire calibrazioni regolari per assicurarsi che le apparecchiature funzionino entro le specifiche del produttore.

Controllo dei parametri: Verificare regolarmente tensione, corrente e altri parametri per garantire prestazioni consistenti.

Verifica da parte di esperti: Considerare la possibilità di far controllare periodicamente le apparecchiature da un tecnico specializzato o da un rappresentante del produttore.

Conclusione

Un'adeguata manutenzione e cura delle apparecchiature di saldatura non solo ne estende la durata ma garantisce anche sicurezza e qualità nella realizzazione delle saldature. Investire tempo e risorse nella corretta manutenzione è essenziale per qualunque operazione di saldatura professionale.

9. Valutazione e Controllo della Qualità delle Saldature

9.1 Panoramica

La qualità delle saldature in linee e apparecchiature a pressione è fondamentale per garantire sicurezza, integrità strutturale e una lunga durata del componente. Implementare procedure rigorose di valutazione e controllo della qualità è essenziale per garantire l'assenza di difetti e per conformarsi alle normative in vigore.

9.2 Procedure di Ispezione Visiva

Esame immediato: Dopo la saldatura, esaminare visivamente la giunzione per rilevare eventuali inadeguatezze come cricche superficiali, porosità o deformazioni.

Strumentazione: Utilizzare lenti d'ingrandimento, specchi o telecamere per ispezionare le aree difficili da raggiungere o per una valutazione più dettagliata.

9.3 Test Non Distruttivi (NDT)

Radiografia: L'uso di raggi X o gamma per rilevare imperfezioni interne come cricche, inclusione di scorie o porosità.

Ultrasuoni: L'uso di onde sonore ad alta frequenza per rilevare imperfezioni interne e determinare lo spessore del materiale.

Liquidi penetranti: Un metodo che impiega un liquido colorato per rilevare cricche e fessure superficiali.

Correnti indotte: Utilizzato per rilevare piccole cricche o difetti superficiali nel materiale.

9.4 Test Distruttivi

Test di trazione: Misura la resistenza della saldatura tirando il pezzo fino alla rottura.

Test di flessione: Valuta la duttilità e la resistenza della saldatura piegando il pezzo saldato.

Test di impatto: Determina la resilienza della saldatura sottoponendola a un carico d'impatto.

9.5 Documentazione e Tracciabilità

Registri di ispezione: Conservare dettagliati registri di tutte le ispezioni e test effettuati, compresi i risultati e le eventuali azioni correttive intraprese.

Certificazioni: Ottenere certificazioni o rapporti dagli organismi di test per confermare la conformità agli standard richiesti.

Retrotracciabilità: Assicurarsi di avere un sistema che permetta di tracciare ogni saldatura a un determinato lotto di materiale, saldatore o procedura di saldatura.

Conclusione

Un'approfondita valutazione e un rigoroso controllo della qualità delle saldature sono essenziali per garantire la sicurezza e l'affidabilità delle linee e apparecchiature a pressione. Implementare e seguire meticolosamente queste procedure garantisce che le saldature soddisfino o superino gli standard di settore e le aspettative dei clienti.

10. Considerazioni Ambientali e Smaltimento dei Residui

10.1 Panoramica

Oltre alla sicurezza e alla qualità delle saldature, è essenziale considerare l'impatto ambientale delle operazioni di saldatura. La gestione responsabile dei residui e la minimizzazione dell'impatto ambientale sono componenti cruciali di una pratica di saldatura sostenibile.

10.2 Gestione dei Fumi e delle Emissioni

Sistemi di aspirazione: Utilizzare sistemi di estrazione e filtraggio per ridurre la quantità di fumi e particolato rilasciato nell'ambiente durante la saldatura.

Ventilazione: Garantire un'adeguata ventilazione nell'area di saldatura per diluire e disperdere eventuali gas e fumi nocivi.

10.3 Smaltimento dei Residui e dei Rifiuti

Raccolta: Utilizzare contenitori dedicati per raccogliere scorie, fili di saldatura usati e altri residui.

Recupero e riciclaggio: Dove possibile, separare e riciclare materiali come metalli e scorie.

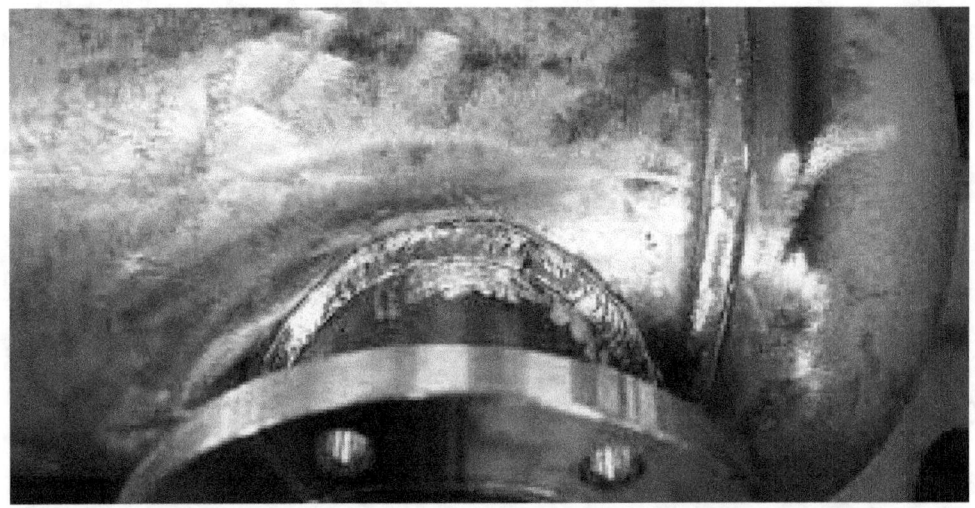

Smaltimento sicuro: Per i materiali non riciclabili, assicurarsi uno smaltimento in conformità alle normative locali, evitando di contaminare l'ambiente.

10.4 Utilizzo Responsabile delle Risorse

Riduzione del consumo di energia: Adottare tecnologie di saldatura energeticamente efficienti e spegnere le apparecchiature quando non sono in uso.

Minimizzazione degli sprechi: Utilizzare materiali e risorse in modo efficiente, riducendo al minimo gli scarti.

10.5 Prevenzione dell'Inquinamento Acustico

Barriere antirumore: Installare barriere o schermi acustici intorno alle aree di saldatura per ridurre il rumore trasmesso alle aree circostanti.

Manutenzione delle apparecchiature: Mantenere le apparecchiature in buone condizioni per ridurre rumori anomali o eccessivi.

10.6 Formazione e Sensibilizzazione

Educazione ambientale: Fornire ai saldatori e al personale formativo informazioni sui potenziali impatti ambientali delle operazioni di saldatura e sulle prassi migliori per ridurli.

Prassi sostenibili: Incoraggiare la ricerca e l'adozione di tecnologie e metodi di saldatura più sostenibili.

Conclusione

Il rispetto dell'ambiente è una responsabilità condivisa da tutti gli operatori nel campo della saldatura. Oltre a garantire operazioni sicure e saldature di alta qualità, è fondamentale adottare prassi che minimizzino l'impatto ambientale e promuovano la sostenibilità nel settore.

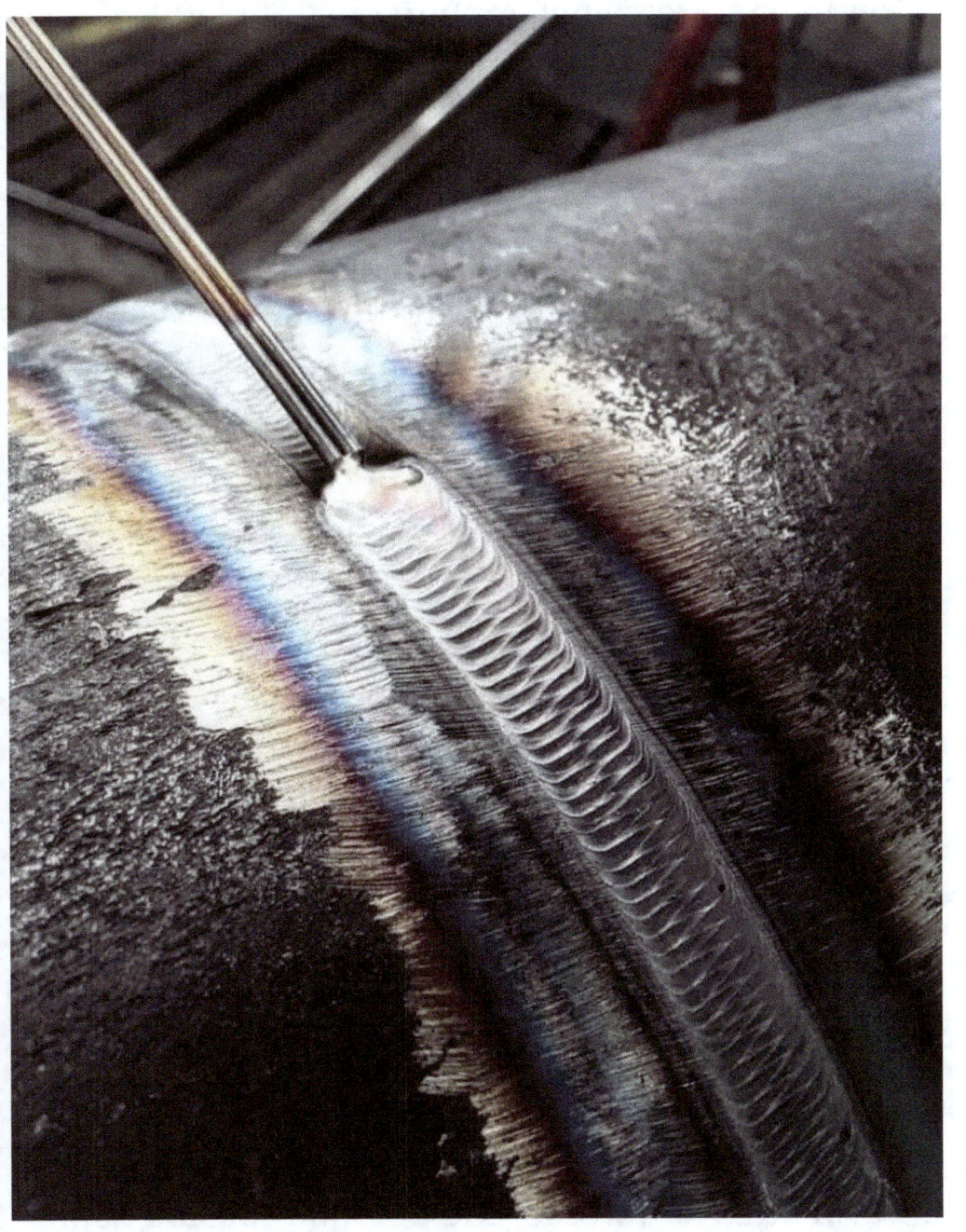

11. Salute e Sicurezza nell'Ambito della Saldatura

11.1 Panoramica

La saldatura, pur essendo una tecnica essenziale in molte industrie, presenta vari rischi per la salute e la sicurezza. È imperativo che le organizzazioni e i saldatori adottino misure preventive per ridurre al minimo questi rischi e garantire un ambiente di lavoro sicuro.

11.2 Rischi Associati alla Saldatura

Fumi e gas tossici: La saldatura può produrre fumi e gas nocivi che, se inalati, possono causare problemi respiratori e altre complicazioni per la salute.

Radiazioni UV/IR: La saldatura produce radiazioni ultraviolette e infrarosse, che possono causare danni agli occhi e alle pelli esposte.

Scintille e spruzzi: Questi possono causare ustioni o incendi se vengono a contatto con materiali infiammabili.

Rumore: Le apparecchiature di saldatura possono produrre livelli di rumore elevati che possono danneggiare l'udito a lungo termine.

11.3 Misure di Protezione Personale

Maschere di saldatura: Indossare maschere con schermi filtranti per proteggere gli occhi e il viso dalle radiazioni, scintille e spruzzi.

Abbigliamento protettivo: Utilizzare guanti, giacche e grembiuli di materiale ignifugo per proteggere la pelle dalle scintille, spruzzi e radiazioni.

Scarpe di sicurezza: Indossare scarpe con punta in acciaio per proteggere i piedi da cadute di oggetti pesanti e scintille.

Protezione dell'udito: Utilizzare cuffie o tappi per le orecchie in ambienti rumorosi.

11.4 Ventilazione e Aspirazione

Ventilazione generale: Assicurarsi che l'area di saldatura sia ben ventilata per diluire i fumi e i gas prodotti.

Aspirazione localizzata: Utilizzare sistemi di estrazione al punto di saldatura per rimuovere direttamente i fumi e prevenire l'inalazione.

11.5 Formazione e Istruzione

Formazione continua: Fornire ai saldatori una formazione regolare sui rischi associati alla saldatura e sulle misure preventive da adottare.

Procedure d'emergenza: Assicurarsi che tutti i lavoratori conoscano e comprendano le procedure d'emergenza, come l'uso di estintori o l'evacuazione dell'area.

11.6 Monitoraggio e Valutazione

Monitoraggio dell'aria: Eseguire controlli regolari dell'aria nell'area di saldatura per rilevare livelli elevati di gas o fumi nocivi.

Ispezioni regolari: Eseguire controlli regolari delle aree di saldatura e delle apparecchiature per identificare e risolvere potenziali rischi.

Conclusione

La salute e la sicurezza dovrebbero essere sempre una priorità nell'ambito della saldatura. Implementando misure preventive, formando adeguatamente i saldatori e monitorando costantemente l'ambiente di lavoro, è possibile ridurre significativamente i rischi associati e garantire un ambiente di lavoro sicuro per tutti.

Appendice A: Saldature Speciali e Progressi Recentl

A.1 Saldatura Subacquea

La saldatura subacquea è un processo eseguito in un ambiente sommerso, spesso utilizzato in lavori marittimi e offshore. Esistono due metodi principali:

Saldatura ad umido: Eseguita direttamente nell'acqua. Qui, la zona di saldatura è protetta da una bolla di gas scudo.

Saldatura a secco: Eseguita in una camera secca posizionata intorno alla zona di saldatura, dove l'acqua viene allontanata.

Vantaggi:

Capacità di riparare strutture senza rimuoverle dall'acqua, come petroliere o piattaforme offshore.

Costi e tempi ridotti rispetto alla rimozione di grandi strutture dall'acqua.

Sfide:

Controllo della zona di saldatura.

Pericoli associati alla profondità e pressione.

A.2 Saldatura di Alluminio

L'alluminio, a causa della sua conduttività termica e della formazione di ossidi, presenta sfide uniche nella saldatura.

Metodi:

Saldatura TIG (Tungsten Inert Gas): Usa un elettrodo non consumabile e gas inerte come argon o elio.

Saldatura MIG (Metal Inert Gas): Adatta per saldature spesse, utilizza un filo consumabile e gas inerte.

Vantaggi:

L'alluminio è leggero e ha un'elevata resistenza alla corrosione.

Sfide:

Controllo della formazione di ossidi.

Necessità di apparecchiature e materiali d'apporto specifici.

A.3 Innovazioni e Progressi Recenti

Saldatura Laser: Usa un raggio laser per fondere il materiale, offrendo precisione, velocità e profondità di penetrazione.

Saldatura Friction-Stir (FSW): Un processo solid-state in cui un utensile rotante viene inserito nel materiale per crearne l'unione. È particolarmente utile per l'alluminio e altre leghe non ferrose.

Saldatura ad Induzione: Usa correnti indotte magneticamente per produrre calore e fondere i materiali. Vantaggioso per la sua uniformità e velocità.

Sistemi automatizzati e robotizzati: Consentono una maggiore precisione, ripetibilità e produzione in serie.

Progressi Qualitativi:

Uniformità: Le tecnologie moderne producono saldature più uniformi e consistenti.

Efficienza: Con l'avvento della robotica e dell'automazione, le saldature possono essere eseguite più rapidamente.

Riduzione dei difetti: Grazie a tecniche avanzate e controlli qualitativi, la frequenza dei difetti è diminuita.

Conclusione:

Le tecniche di saldatura speciali e le innovazioni recenti hanno ampliato le capacità dell'industria, permettendo la realizzazione di progetti più complessi e sicuri. Con l'evoluzione continua della tecnologia, si può prevedere ulteriori progressi e sviluppi nel campo della saldatura nel prossimo futuro.

Appendice B: Sicurezza dei Saldatori: Fumi, Maschere e Sistemi di Filtraggio

B.1 Introduzione

La sicurezza dei saldatori è di fondamentale importanza in qualsiasi ambiente di saldatura. I fumi, le radiazioni e gli spruzzi presentano rischi significativi per la salute. Quest'appendice si concentra sui pericoli dei fumi di saldatura, sulle maschere protettive e sui sistemi di filtraggio avanzati.

B.2 Fumi di Saldatura

I fumi di saldatura sono una miscela di particelle finissime prodotte dalla vaporizzazione del materiale base e del materiale d'apporto.

Rischi per la Salute:

Inalazione: L'inalazione prolungata di fumi di saldatura può causare problemi respiratori, asma e, in alcuni casi, malattie professionali come la siderosi (causata da particelle di ferro) o altre patologie più gravi.

Composti nocivi: Molti fumi contengono composti potenzialmente pericolosi come cromo esavalente, manganese, silicio, e altri.

B.3 Maschere di Saldatura

Le maschere di saldatura proteggono il viso e gli occhi del saldatore dalle radiazioni intense, spruzzi e scintille.

Caratteristiche:

Schermo filtrante: Protegge gli occhi dalle radiazioni UV e IR.

Visiera esterna: Protegge il viso da scintille e spruzzi.

Filtri respiratori integrati: Alcune maschere moderne sono dotate di filtri per purificare l'aria inalata, riducendo l'esposizione ai fumi.

B.4 Sistemi di Filtraggio

I sistemi di filtraggio sono essenziali per rimuovere i fumi e le particelle dall'aria nell'area di saldatura.

Tipi di Sistemi:

Aspirazione localizzata: Un sistema di estrazione posizionato vicino al punto di saldatura che cattura i fumi alla fonte.

Sistemi di filtraggio centralizzati: Grandi sistemi che filtrano l'aria di tutta l'officina.

Filtri meccanici: Catturano particelle solide.

Filtri a carboni attivi: Rimuovono gas e odori.

Purificatori d'aria: Usano una combinazione di filtri per purificare l'aria da particelle e gas. B.5 Raccomandazioni per la Sicurezza

Ventilazione adeguata: Assicurarsi sempre che l'area di saldatura sia ben ventilata.

Uso di EPI (Equipaggiamenti di Protezione Individuale): Sempre indossare maschere, guanti e abbigliamento protettivo.

Controlli regolari: Ispezionare regolarmente i sistemi di filtraggio e assicurarsi che funzionino correttamente.

Formazione: Educare i saldatori sui rischi dei fumi e sull'uso corretto delle apparecchiature di sicurezza.

Conclusione:

La sicurezza dei saldatori deve essere sempre una priorità. Con una comprensione adeguata dei rischi, l'uso di apparecchiature protettive appropriate e l'implementazione di sistemi di filtraggio efficienti, si può garantire un ambiente di lavoro sicuro e ridurre significativamente i rischi per la salute.

Appendice C: Verso l'Automazione delle Saldature: Impatti e Prospettive nel Settore Oil & Gas

C.1 L'Ascesa dell'Automazione nella Saldatura

L'automazione della saldatura ha guadagnato terreno in molti settori industriali grazie alle tecnologie avanzate, come robotica, intelligenza artificiale e sensoristica avanzata. Queste innovazioni offrono precisione, coerenza e efficienza, minimizzando al contempo gli errori umani e i rischi per la sicurezza.

C.2 Benefici per il Settore Oil & Gas

Qualità e Consistenza: L'automazione garantisce saldature uniformi e conformi alle specifiche, riducendo il rischio di difetti e fallimenti strutturali.

Efficienza Produttiva: Velocità e precisione possono ridurre significativamente i tempi di inattività e migliorare la produttività.

Riduzione dei Costi: Anche se l'investimento iniziale può essere elevato, nel lungo termine l'automazione può offrire significative riduzioni dei costi operativi e di manodopera.

Sicurezza: L'automazione riduce la necessità di interventi umani in aree ad alto rischio, minimizzando potenziali incidenti.

C.3 Impatti Specifici sull'Oil & Gas

Estrazione e Trivellazione: L'automazione delle saldature in queste operazioni può migliorare la robustezza e la longevità delle apparecchiature sottomarine, dove le condizioni sono particolarmente rigorose e la manutenzione può essere costosa e difficile.

Pipeline: Le saldature di tubazioni trasportano petrolio e gas su lunghe distanze. L'automazione può garantire saldature di alta qualità, riducendo il rischio di perdite e guasti.

Raffinazione e Processamento: Gli impianti di raffinazione hanno molteplici connessioni e giunture. L'automazione assicura che queste giunture siano solide e affidabili, migliorando l'efficienza complessiva dell'impianto.

C.4 Sfide e Considerazioni

Adattabilità: Non tutte le operazioni o le applicazioni nel settore oil & gas possono essere facilmente automatizzate. Alcune potrebbero richiedere soluzioni personalizzate.

Investimento Iniziale: L'implementazione dell'automazione richiede un significativo investimento iniziale in termini di tecnologia e formazione.

Mantenimento delle Competenze: È essenziale mantenere un'equipe di specialisti in grado di intervenire in caso di problemi con i sistemi automatizzati e di eseguire operazioni che non possono essere automatizzate.

C.5 Prospettive Future

Con l'evoluzione della tecnologia e la crescente domanda di efficienza e sicurezza, è probabile che l'automazione nel settore della saldatura continui a crescere. Nel settore oil & gas, dove le operazioni sono complesse e i margini di errore devono essere minimizzati, l'automazione rappresenterà una componente sempre più fondamentale delle operazioni future.

Conclusione:

L'automazione della saldatura offre numerosi vantaggi per il settore oil & gas, tra cui una maggiore qualità, efficienza e sicurezza. Tuttavia, è essenziale affrontare le sfide e garantire che l'automazione sia implementata in modo strategico per massimizzare i benefici e garantire operazioni sicure e affidabili.

Conclusioni e Ringraziamenti

Desidero esprimere la mia più sincera gratitudine a tutte le aziende e ai paesi che mi hanno accolto e collaborato con me nel corso della mia carriera come professionista freelance nel campo della saldatura. L'esperienza, la conoscenza e la competenza che ho acquisito lavorando con ciascuno di voi sono inestimabili.

Grazie per avermi dato l'opportunità di essere parte dei vostri progetti, di confrontarmi con le vostre sfide e di crescere professionalmente grazie alla vasta gamma di esperienze che ho potuto vivere a vostro fianco. Ogni progetto, ogni sfida e ogni successo condiviso hanno plasmato l'esperto che sono oggi.

Un ringraziamento particolare va ai tecnici, ingegneri, operai e a tutti coloro con cui ho avuto il privilegio di lavorare a stretto contatto. È stato un onore apprendere da voi e condividere la mia passione per la saldatura.

In ogni angolo del mondo in cui mi è stato permesso di lavorare, ho incontrato persone straordinarie e ho appreso tradizioni, tecniche e metodologie diverse. Questa ricchezza culturale e professionale ha profondamente influenzato il mio approccio e la mia visione della saldatura, rendendomi un professionista più completo e versatile.

In conclusione, il mio percorso professionale non sarebbe stato lo stesso senza il sostegno, la fiducia e le opportunità fornite da ciascuno di voi. Grazie di cuore per aver contribuito in modo così significativo alla mia crescita e formazione professionale.

Mentre ci avviciniamo al termine di questo viaggio attraverso l'articolato universo della saldatura industriale, è giusto fermarsi un istante per riflettere sulle molteplici mani che hanno plasmato, direttamente o indirettamente, le pagine di questo lavoro. La saldatura, non diversamente dalle relazioni umane, è un delicato bilanciamento tra forza e flessibilità, un'unione di elementi che, se ben eseguita, può resistere alle prove più dure del tempo e dello stress.

Desidero esprimere la mia profonda gratitudine a tutti coloro che hanno accompagnato il mio percorso professionale e personale. La mia famiglia, con il suo incondizionato sostegno, ha fornito quel calore e quella sicurezza che sono stati il mio faro nei momenti di dubbio e la base solida su cui costruire le mie ambizioni.

Un ringraziamento speciale va ai miei colleghi, compagni di innumerevoli progetti e fonte costante di ispirazione e sfida intellettuale. La vostra maestria e dedizione nel campo delle costruzioni industriali hanno arricchito ogni capitolo di questo libro, fornendo spunti pratici e confermando l'importanza dell'eccellenza nel nostro lavoro.

Infine, ma non per importanza, desidero dedicare questo libro a mia figlia, Nora. La tua curiosità e il tuo entusiasmo per la scoperta sono il simbolo vivente delle infinite possibilità che la conoscenza e l'apprendimento possono aprire. Che questo testo possa essere per te, come lo è stato per me, un promemoria del valore dell'impegno e della passione. Che tu possa trovare nella scienza e nell'arte della saldatura non solo le leggi fisiche che regolano l'unione dei materiali, ma anche l'esempio di come la perseveranza e l'attenzione ai dettagli possano creare qualcosa di forte, duraturo e significativo.

Con la speranza che le pagine di questo libro possano ispirare e guidare nuove generazioni di ingegneri e professionisti, concludo questo lavoro con un sentimento di soddisfazione e anticipazione per le future scoperte e conquiste che ci attendono. Grazie di cuore a tutti voi, per aver reso possibile questo viaggio di condivisione e crescita.

Luca Cimino

www.ingramcontent.com/pod-product-compliance
Lightning Source LLC
Chambersburg PA
CBHW062237290526
45794CB00006B/2315